BEI GRIN MACHT SICH IHR WISSEN BEZAHLT

- Wir veröffentlichen Ihre Hausarbeit, Bachelor- und Masterarbeit

- Ihr eigenes eBook und Buch - weltweit in allen wichtigen Shops

- Verdienen Sie an jedem Verkauf

Jetzt bei www.GRIN.com hochladen und kostenlos publizieren

Sylvia Lorenz

Der Ansatz der Politischen Ökologie

Dargestellt am Beispiel Ökotourismus

GRIN Verlag

Bibliografische Information der Deutschen Nationalbibliothek:

Die Deutsche Bibliothek verzeichnet diese Publikation in der Deutschen National-
bibliografie; detaillierte bibliografische Daten sind im Internet über http://dnb.d-
nb.de/ abrufbar.

Impressum:

Copyright © 2011 GRIN Verlag GmbH
Druck und Bindung: Books on Demand GmbH, Norderstedt Germany
ISBN: 978-3-656-19767-6

Dieses Buch bei GRIN:

http://www.grin.com/de/e-book/194400/der-ansatz-der-politischen-oekologie

Christian-Albrechts-Universität zu Kiel

Mathematisch-Naturwissenschaftliche Fakultät

Geographisches Institut

Seminar: Umweltkonflikte

Hausarbeit WS 2010/11

Der Ansatz der Politischen Ökologie. Dargestellt am Beispiel Ökotourismus

vorgelegt von: Sylvia Lorenz

Fachsemester: 1. Semester Stadt- und Regionalentwicklung

                       Master of Science

Kiel, 30. April 2011

Inhaltsverzeichnis

1 Einleitung

Bereits in den 1970er Jahren waren Politik und Wissenschaft dazu gezwungen, sich mit den Ursachen und Folgen der weltweit wachsenden Umweltprobleme zu beschäftigen. Die Zerstörung des Regenwaldes und Bodenerosion, Luft- und Wasserverschmutzung sowie Dürrekatastrophen und Desertifikation waren die Erscheinungen, welche durch das ungebremste Wachstum der Bevölkerung, der Wirtschaft und des Wohlstandes sowie durch „falsche" Entwicklung hervorgingen.

Im Rahmen der Thematisierung der Umweltprobleme kam es zur Ausbildung von naturwissenschaftlich geprägten Ansätzen, welche sich auf Kausalitätsbeziehungen zw. Mensch und Umwelt konzentrierten. Die neo-malthusianische These der 1980er Jahre machte das enorme Bevölkerungswachstum für die Umweltprobleme verantwortlich (WATTS, M. 2000: 262). Das Konzept der nachhaltigen Entwicklung stellte die nachholende Entwicklung und das dafür benötigte Wachstum westlich-kapitalistischer Einflüsse in Frage. Insofern wurde die ökologische Degradierung lediglich als „Umwelt"-Problem angesehen. Die Relevanz der bestehenden Machtstrukturen bzw. der Einfluss politisch ökonomischer Faktoren wurde in der Regel ignoriert, sodass von einer apolitischen Grundidee gesprochen wird (AMMERING, U.; NEUBURGER, M.; SCHMITT, T. 2008: 95).

Die Entstehung der Politischen Ökologie geht bis in die 1970er Jahre zurück und wurde 1972 von Eric Wolf geprägt. Mitte der 1980er Jahre wurde der theoretische Ansatz der Politischen Ökologie, welcher die geringe Berücksichtigung politischer, ökonomischer und sozialer Dimensionen bei der Erklärung von Umweltveränderungen bemängelte, den apolitischen Grundideen entgegengesetzt (ROBBINS, P. 2004: 5).

In der vorliegenden Arbeit wird zunächst die Politische Ökologie mit ihren verschiedenen Ansätzen dargestellt. Folgend wird eine zum Ende der 1990er Jahre von der Autorin E. YOUNG durchgeführte Studie vorgestellt, in der aus der Perspektive der Politischen Ökologie der Ökotourismus in Mexiko untersucht wurde.

2 Die Politische Ökologie

Untersuchungen im Rahmen der Politischen Ökologie sind, im Hinblick auf die sich verschlechternde Umweltsituation, in zahlreichen Ländern der südlichen Hemisphäre ein zentrales Element der Global-Environmental Change Forschung. So ist die Erhaltung und Bewahrung der natürlichen Ressourcen, wie z.B. Wasser, Boden und Biodiversität, insbesondere in den Tropen, von existentieller Bedeutung für globale Bevölkerung.

Die Politische Ökologie ist kein einheitliches Theoriegebilde, sondern vielmehr ein Sammelbegriff für Studien mit unterschiedlichen Theorieansätzen. Entsprechend ist die Politische Ökologie ein multi- und transdisziplinär gefasster Analyseansatz, welcher als Antwort auf die apolitischen Ansätze zur Erklärung des Umweltwandels konzipiert wurde und in der geographischen sowie sozialwissenschaftlichen bzw. ethnologischen Forschung seit den 1980er Jahren an Bedeutung gewonnen hat. Aufgrund seines transdisziplinären Charakters könnte die Politische Ökologie auch als Umwelt-Soziologie, Umweltökonomie und Politikwissenschaft der Umwelt gekennzeichnet werden (BLAIKIE, P. 1999: 131).

Grundlegende und bedeutende Werke, welche das Thema Bodenerosion und Landdegradierung in einen politisch-ökologischen Kontext stellen sind:
- BLAIKIE, Piers (1985): „ The Political Economy of Soil Erosion in Developing Countries“
- BLAIKIE, Piers und BROOKFIELD, Harold (1987): „Land Degradation and Society“

2.1 Definition

Im Unterschied zu anderen Bereichen in der Sozial- und Umweltforschung, ist die Politische Ökologie als ein Forschungsfeld nicht genau definiert. Die Differenzen ergeben sich mit der Schwerpunktsetzung, wobei einige Wissenschaftler die Politische Ökonomie betonen und Andere näher auf politische Institutionen oder Umweltveränderungen eingehen. Gemeinsamkeit besteht dahingehend, dass jene Ansätze eine Alternative zur apolitischen Ökologie repräsentieren (ROBBINS, P. 2004: 5). Die Politische Ökologie umfasst insofern sehr viele Definitionen und wurde erstmalig von den angelsächsischen Geographen BLAIKIE und BROOKFIELD definiert:

„The phrase ‚political ecology' combines the concerns of ecology and a broadly defined political economy. Together this encompasses the constantly shifting dialectic between society and land-based resources, and also within classes and groups within society itself." (BLAIKIE, P. & BROOKFIELD, H. 1987: 17).

Insofern entstehen Umweltveränderungen in einem konfliktreichen Zusammenspiel von diversen Handlungen und Interessen; sowohl politischer und gesellschaftlicher als auch ökonomischer Natur. Wichtig bei dieser Betrachtung ist die Einbeziehung der individuellen, der lokalen, der nationalstaatlichen und der globalen Ebene.

Im deutschsprachigen Raum gelten Helmut GEIST und Thomas KRINGS als starke Vertreter des Ansatzes. Krings definierte Politische Ökologie wie folgt:

„Unter dem Begriff Politische Ökologie vereinigen sich (…) verschiedene auf das Mensch-Umwelt-Verhältnis bezogene Arbeitsrichtungen vornehmlich in den angelsächsischen Ländern, deren gemeinsamer Nenner die Integration der politischen und historisch-gesellschaftlichen Faktoren in Analysen zu Umweltveränderungen darstellt." (KRINGS, T. 1999: 129).

2.2 Forschungsrichtungen

Seit BLAIKIE und BROOKFIELD (1987) den Grundstein für die Politische Ökologie gelegt haben, wurde der Ansatz in viele verschiedene Richtungen weiterentwickelt.

Im Mittelpunkt der Politischen Ökologie der Entwicklungsländer, der Third World Political Ecology, stehen z.B. die Ursachen von Bodendegradation, Tropenwaldzerstörung, Konflikte um Wasser und Weideland, die Folgen des internationalen Ferntourismus oder Überfischung der Weltmeere. In der Politischen Ökologie der hoch entwickelten Länder, der First World Political Ecology, geht es um ganz allgemeine Fragen der Umweltgerechtigkeit. Die Urban Political Ecology erforscht gesellschaftliche Hintergründe für städtische Umweltprobleme und untersucht die Gewinner und Verlierer von Stadtplanungsprozessen. Zudem werden in sozial benachteiligten Stadtteilen die Folgen von negativen Umwelteinflüssen, z.B. Emissionen und Verkehrslärm, untersucht (Universität Freiburg 2011).

3 Forschungsansätze der Third World Political Ecology

Bei der Anwendung der politisch-ökologischen Perspektive zur Untersuchung von Mensch-Umwelt-Beziehungen kann eine Vielzahl von Ansätzen gewählt werden. Diese Vielfalt der Ansätze reflektiert insofern die verschiedenen Forschungsprioritäten und die zahlreichen Möglichkeiten politisch-ökologische Forschungen durchzuführen. In vielen Fällen werden Elemente aus zwei oder mehreren Ansätzen kombiniert.

3.1 Chain of explanation

In einem Ansatz der Third World Political Ecology werden ein spezielles oder mehrere Umweltprobleme untersucht und erklärt (Bodenerosion, Abholzung tropischer Wälder, Wasserverschmutzung oder Landdegradierung). Dieser Ansatz ist in vielerlei Hinsicht ein traditionell geographisches Forschungsthema, bei dem der menschliche Einfluss auf die physische Umwelt analysiert wird, aber zusätzlich mit einem politischen-ökonomischen Beigeschmack. BLAIKIEs (1985) Studie über die politische Ökonomie der Bodenerosion erläutert dieses Problem in der Form einer Hierarchie von miteinander verknüpften sozialen, politischen und ökonomischen Kräften, welche auf lokaler, regionaler und globaler Ebene wirken. BLAIKIE und BROOKFIELD (1987) haben diese Studie ausgearbeitet mit Bezug auf die umfassenderen Probleme der Landdegradierung. Im Zuge dieser Arbeiten entstand der Ansatz der „chain of explanation" (BRYANT, R.; BAILEY, S. 1997: 20-21).

Methodischer Ansatzpunkt der der „chain of explanation" ist eine sich über mehrere Betrachtungsebenen erstreckende Verursachungskette, in welcher das Handeln und die Interessen der Akteure in Zusammenhang mit Umweltveränderungen gebracht werden. Hierbei handelt es sich um eine Methode, welche verschiedene geographische Skalen und sozio-ökonomische Hierarchien (Person, Haushalt, Dorf, Region, Staat, Welt) analysiert (BLAIKIE, P. 1999: 132). Dabei sind physische Umweltprobleme nicht isoliert an einem lokalen Ort zu betrachten, sondern auf mehreren, oftmals miteinander verflochtenen Handlungsebenen in einen sozialen und ökonomischen Kontext zu stellen. Unter Berücksichtigung der lokalen Ebene sowie nationaler und globaler Einflüsse besteht das Ziel folglich darin, komplexe Ursache-Wirkungszusammenhänge zu durchleuchten. So beschreibt BLAIKIE die Komplexität der Land- bzw. Umweltdegradierung folgendermaßen:

Thus environmental degradation is seen as a result of underdevelopment (of poverty, inequality and exploitation), a symptom of underdevelopment, and a cause of underdevelopment (contributing to a failure to produce, invest and improve productivity) (BLAIKIE, P. 1985: 9).

Die „chain of explanation" spiegelt eines der ersten Versuche zur "integrierten Politik" wieder und hat maßgeblich zur Entwicklung der Politischen Ökologie als wissenschaftliches Feld beigetragen.

3.2 Politische Diskurse

Im Rahmen politscher Diskurse geht darum, wie Ideen von verschiedenen Akteuren entwickelt und verstanden werden und wie der damit verbundenen Diskurs bestimmte Akteursinteressen fördert oder blockieret. Neue Ideen bekräftigen oder stellen insofern existierende soziale und ökonomische Regelungen in Frage. Forscher der Politischen Ökologie untersuchen somit die Auswirkungen vorherrschender Diskurse. Arbeiten bezüglich der nachhaltigen oder grünen Entwicklung repräsentieren diesen Forschungsansatz am Besten. In der Analyse der nachhaltigen Entwicklung werden mögliche Widersprüche bei der Frage untersucht, ob die Erhaltung der Umwelt und die wirtschaftliche Entwicklung innerhalb des zeitgenössischen, globalen und kapitalistischen Systems zu vereinbaren sind (BRYANT, R.; BAILEY, S. 1997: 20-21).

3.3 Sozio-ökonomische Merkmale

Ein vierter Ansatz ist, politisch-ökologische Fragen in Bezug auf die sozio-ökonomischen Merkmale wie Klasse, Ethnie oder Geschlecht zu erforschen. Politisch-ökologische Forschung basiert demnach auch auf Klassenanalysen (Klassenkonflikte) oder es werden ethnische Minderheiten betrachtet. Arbeiten zu diesen Themen zeigen, dass politisch und wirtschaftlich marginale ethnische Minderheiten oft die Hauptlast der Kosten im Zusammenhang mit Umweltzerstörung tragen (BRYANT, R.; BAILEY, S. 1997: 23). Ein Ansatzpunkt ist die extreme Armut für die Mehrheit der Bewohner der Dritten Welt. So schreiben BRYANT und BAILEY:

"Indeed, it is the fact that extreme poverty is the way of life for the vast majority of people in the Third World (despite fifty years of 'development') that provides perhaps the strongest justification for a specially Third World political ecology. Although poverty in the First and Second Worlds is not to be denied, the sheer scale of the poverty problem in the Third World stands out." (BRYANT, R. & BAILEY, S. 1997:8).

Im Fokus der Forschung stehen die Beziehungen zwischen Armut und Reichtum, Umweltdegradierung und politischen Prozessen. BLAIKIE & BROOKFIELD beschreiben diese desolate Wechselwirkung wie folgt:

„poverty is the basic cause of poor management, and the consequence of poor management is deepening poverty" (BLAIKIE, P.; BROOKFIELD, H. 1997:48)

Andere Arbeiten, wie die der feminist political ecology, zeigen Konflikte, in denen Mann und Frau um die Kontrolle der ökologischen Ressourcen, Kapital und Arbeit kämpfen. Das Geschlecht wird folglich zu einem Faktor in ökologischen und politischen Beziehungen und verdeutlicht, wie geschlechtsspezifische Ungleichheiten in Verbindung mit Umweltveränderungen und Konflikten stehen (BRYANT, R.; BAILEY, S. 1997: 23).

3.4 Akteursorientierter Ansatz

Der akteursorientierte Ansatz betont die Notwendigkeit, sich auf die Interessen, Motive, Strategien, Eigenschaften und Aktionen unterschiedlicher Akteurstypen zu fokussieren um politisch-ökologische Konflikte zu verstehen. Ein akteursorientierter Ansatz zielt insofern darauf ab, solche Konflikte als Ergebnis der Interaktion von verschiedenen Akteuren mit oft ganz besonderen Zielen und Interessen zu verstehen (BRYANT, R.; BAILY, S. 1997: 23-24). Insofern geht es im Rahmen umweltpolitischen Handelns um klassische politisch-ökologische Fragen nach Machtverhältnissen und Ressourcenzugang. „Macht", Machtstrukturen und ungleiche Machtbeziehungen sind hierbei zentrale Faktoren im Ansatz der Politischen Ökologie.

Die unterschiedlichen Akteure mit ihren entsprechenden Interessen werden in ‚place-based‘ (endogene) und ‚non-placed-based‘ (exogene) Akteure voneinander abgegrenzt. Während place-based-actors in der von Umweltproblemen und -konflikten gekennzeichneten Region leben und in ihrem Handeln lokal verankert sind (Ureinwohner, Kolonisatoren, staatliche Akteure), leben non-based-actors meist nicht vor Ort, greifen aber in die Prozesse der jeweiligen Region ein. Bei den non-based-actors handelt es sich oftmals um im globalen Kontext handelnde Akteure, wie z.B. multilaterale Institutionen, transnationale Konzerne, Nichtregierungsorganisationen). Die Handlungslogik der non-based-actors, welche zudem auch auf Ressourcen außerhalb der Region zurückgreifen können, orientiert sich insofern zum Großteil an Entwicklungen der übergeordneten Ebene.

Akteure, welche wirtschaftlich, politisch machtvoll sind, neigen zudem dazu, einen besseren Zugang zu natürlichen Ressourcen zu haben. Durch diesen leichteren Zugang vergrößert sich ihr Einfluss. Insofern setzen sich selbst verstärkende Prozesse ein. Dieser dynamische Prozess sowie Koalitionen und Konflikte zwischen den einzelnen Akteuren regeln einerseits den Zugang zu den natürlichen Ressourcen und deren Nutzung und beeinflussen andererseits Umweltveränderungen und -degradierungen (AMMERING, U.; NEUBURGER, M.; SCHMITT, T. 2008: 95).

Insofern liegt der Fokus nicht auf „Mensch-Umwelt-Beziehung“, sondern auf ein „Mensch-Mensch-Verhältnis“ vor dem Hintergrund von Umwelt.

3.5 Kritische Betrachtung zur „chain of explanation

Die „chain of explanation“ wird von vielen Gelehrten der Politischen Ökologie angenommen, allerdings wird sie auch häufig kritisiert. So unterstützt die Methode die Konzeptualisierung von geographischen Skalen als „vorgegebenen sozialräumlichen Container" (ZIMMERER, K. S.; BASSET, T. J. 2003: 3). So argumentieren ZIMMERER und BASSET:

"One of the challenges facing political-ecological scholarship is to break out of these pregiven, scalar containers (local, regional, national, global) to examine human-environmental dynamics that occur at other socially produced scales. These challenges include being more attentive to the spatiality of social life, especially the politics of

scale, and integrating ecological scale into analytical frameworks." (ZIMMERER, K. S.; BASSET, T. J. 2003: 288).

Um das Problem des konzipierten Containerraums zu überwinden, muss der Raum als Produkt der gesellschaftlichen Verhältnisse, welcher unter wechselnden Bedingungen unterschiedliche Konfigurationen annimmt, gesehen werden. Eine Lösung, welche diese Perspektive berücksichtigt, wird von ROBBINS (2007) dargeboten. ROBBINS schlägt vor, dass mithilfe eines Akteur-Netzwerk-Ansatzes verschiedene gesellschaftliche Akteure untersucht werden, welche Macht und Autorität, unter Einbeziehung menschlicher Subjekte und nicht-menschlicher Objekte sowie Akteure in Wissenschaft, Wirtschaft und in politischen Netzwerken, ausüben. Die Akteur-Netzwerk-Theorie soll folglich verwendet werden, um eine Welt in Bezug auf die produzierte sozial-ökologische Umgebung zu beschreiben, welche politische wie auch menschliche und nicht-menschliche Faktoren einschließt und sich über Distanz und Zeit verändert.

In diesem Zusammenhang sind Netzwerke gekennzeichnet durch eine Vielzahl von menschlichen und nichtmenschlichen Akteuren, nämlich durch Systeme der „Akkumulation, Extraktion, Investitionen, Wachstum, Fortpflanzung, Austausch, Zusammenarbeit und des Zwang" (übersetzt nach ROBBINS, P. 2007:212). Während die Netzwerke im Allgemeinen sehr vielfältig sind, können die Prozesse und Strukturen innerhalb von Netzwerken, genau wie die Ausbeutung oder Veränderungen der Umwelt, verallgemeinert werden. Die Netzwerkanalyse ist insofern hilfreich, wiederkehrende Mensch-Umwelt-Situationen besser zu verstehen (ROBBINS, P. 2007: 212).

4 Fallbeispiel: Ökotourismus in Baja California Sur, Mexiko (E. H. Young)

Die Politische Ökologie als multiskalarer Ansatz wird vielfach verwendet, um Zusammenhänge und Prozesse der Umweltzerstörung in Bezug auf Probleme der Erhaltung natürlicher Ressourcen und dem Entwicklungsbedarf einer Region zu verstehen. Umweltzerstörung steht dabei häufig im Zusammenhang mit ungleichem Zugang zu natürlichen Ressourcen und Armut. Während frühere Studien sich darauf konzentrierten, wie der globale Kapitalismus und die staatliche Politik Umwelt-Gesellschaft-Beziehungen auf verschiedenen Ebenen in weniger entwickelten Regionen formten, richten sich neuere Studien darauf, wie politische Prozesse und Machtverhältnisse auf diese Beziehungen Einfluss nehmen. Ein beständiges Thema in der politisch-ökologischen Literatur ist der Konflikt um Land, Flora und Fauna, Boden und Wasser; vor allem in Bezug auf Allmendegüter.

E. H. YOUNGs Studie richtet sich im Rahmen der Politischen Ökologie darauf, wie politische Prozesse und Machtverhältnisse auf diese Mensch-Umwelt-Beziehungen Einfluss nehmen. Die Autorin untersucht, wie marine Allmendegüter im Grauwal-Tourismus (whale watching) genutzt werden und inwiefern der Grauwal-Tourismus durch gemeindebasierende Management-Praktiken, regional-wirtschaftliche und politische Strukturen sowie durch Regierungspolitiken geprägt wird.

4.1 Hintergrund

Untersuchungsraum sind die Fischerdörfer in San Ignacio und Bahia Magdalena in Baja California Sur, Mexiko (vgl. Abb. 1). Insbesondere seit den 1970/1980er Jahren ist die Zahl der Wal-Touristen, welche zunächst auf eigene Faust in diese Gebiete reisten, gewachsen. Um ihnen einen Blick auf die Meeressäuger zu ermöglichen, haben immer mehr Fischer begonnen, ihre Ruderboote zu vermieten und sich als Reiseleiter zu Verfügung zu stellen. Der Grauwal-Tourismus erwies sich außerhalb der Fischsaison (Dez.-Apr.) zunehmend als vielversprechende Einnahmequelle.

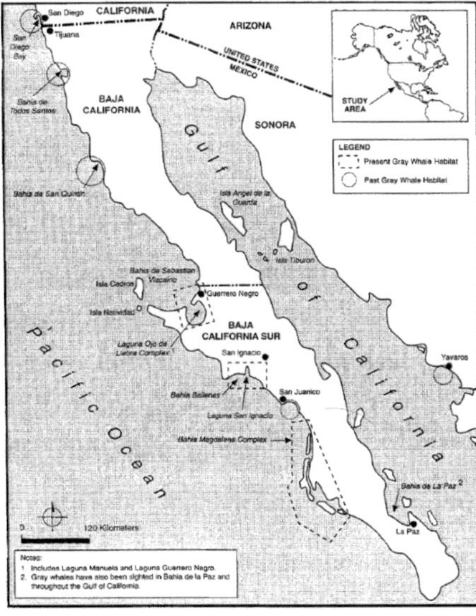

Abb. 1
San Ignacio und Bahia Magdalena
Quelle: YOUNG, E. H. (1999)

Anfang bis Mitte der 1990er Jahre war die Walbeobachtung in Laguna San Ignacio und Bahia Magdalena sowohl für inländische als auch für ausländische Tourismusunternehmen geöffnet. Die entstandene Millionen-Dollar-Industrie wurde unmittelbar danach von Betreibern aus den USA dominiert, welche einen besseren Zugang zu ausreichend Kapital hatten und folglich in die Entwicklung und Vermarktung der touristischen Infrastruktur investieren konnten.

Mit zunehmender Beliebtheit des Ökotourismus entstanden Konflikte zwischen lokalen und ausländischen Unternehmen über Zugriffsrechte auf das Wasser, Wale und Touristen. Diese Konflikte, im Folgenden am Beispiel von San Ignacio verdeutlicht, wurden u.a. durch sozioökonomische und politische Strukturen sowie Regierungspolicen bekräftigt.

4.2 Konflikte in San Ignacio

Ein lokaler Konflikt war die strukturelle Veränderung im Ejido (kommunal verwaltete Gebiete). Während einer Ejido-Sitzung im Dezember 1992 wurde von dem Vorstand (z.T. Einwanderer aus anderen Teilen von Mexiko) die Gründung eines privaten Tourismusunternehmens zur Grauwalbeobachtung beschlossen und Gemeindeland verkauft. Das Unternehmen erhielt Exklusivrechte um Camps mit geführten Bootstouren zu bedienen und beschäftigte 1994 nur einen Einwohner der „Laguna San Ignacio", woraufhin sich viele Bewohner beschwerten. Seitdem hat das Unternehmen zwar mehrere Lagunenbewohner eingestellt, allerdings wurden die vorhanden Spannungen nicht reduziert, denn im weiteren Verlauf bildeten sich Konflikte um den Landbesitz heraus.

Alle am Strand liegenden Grundstücke wurden primär für den Waltourismus genutzt. Die Direktoren des Ejido haben das Ejido-Land parzelliert und an einige seiner Mitglieder als Privatgrundstück vergeben. Die Verteilung des Nutzens aus dem Tourismus empfand die lokale Bevölkerung als ungerecht, sodass sie sich weiterhin gegen die Ejidos richteten.

Aufgrund fehlender gemeindebasierender Institutionen, welche Aktivitäten rund um Wale regeln könnten, nehmen die von außerhalb kommenden touristischen Unternehmen solche Aktivitäten nach eigenem Ermessen in die Hand. Ihre Prioritäten und Interessen stehen oftmals im unmittelbaren Widerspruch mit denen der Anwohner. So beschlagnahmte ein ausländisches Unternehmen die Hummerfallen eines langjährigen Lagunenfischers während der Humme-Saison mit der Begründung, dass die Fallen eine Gefahr für die Wale, welche sich verheddern könnten, darstelle. Als Folge hatte der Fischer einen enormen Ertragsverlust.

4.3 Folgen

Aufgrund der zunehmenden Bedeutung der Walbeobachtung in Laguna San Ignacio und Bahia Magdalena wurden die Konflikte um den Zugang zu marinen Ressourcen intensiviert. Unkontrollierte touristische Aktivitäten sowie das zunehmend rücksichtslose Verhalten durch zu viele Ausflugsboote birgten die Gefahr der Umweltzerstörung und die Wahrscheinlich, dass Küsten-und Meeresressourcen beeinträchtigt werden. Das Risiko, dass Wale verletzt werden, wurde erhöht. Außerdem könnte das rasche und unkontrollierte Wachstum von Ausflugsbooten dazu führen, dass sich die Wale, welche zum Kalben und zur Aufzucht ihres Nachwuchses die küstennahen Lebensräume aufsuchen, anderswo Zuflucht suchen.

In der Vergangenheit konnte das Wachstum des Tourismus durch eine schlecht entwickelte touristische Infrastruktur (vor allem in Laguna San Ignacio: lokale Beherbergungsbetriebe, Restaurants, Transit für Touristen, und grundlegende Dienstleistungen wie Strom, fließendes Wasser, und Abwasser) begrenzt werden. Insofern waren touristische Auswirkungen auf die lokalen Lebensräume und auf wild lebende Tiere minimal.

Zwischen 1993 und 1994 gab es jedoch einen drastischen Anstieg an der Anzahl der Touristen, welche zur Walbeobachtung in die Buchten kamen. Vor allem in Bahia Magdalena stieg die Zahl der Touristen in diesem Zeitraum um 300%. Aufgrund dieses gravierenden touristischen Wachstums war mit Problemen durch eine unzureichende Kanalisation und Abfallentsorgung, Gefahren für die öffentliche Gesundheit und anderen Umweltgefahren zu rechnen. Zudem wurde das unbehandelte Abwasser durch das Kanalnetz direkt in die Bucht geleitet. Umgekehrt wird die Installation und Verbesserung der Grundversorgung sowie der Ausbau touristischer Einrichtungen, zunehmend eine Belastung der natürlichen Ressourcen darstellen und die langfristige ökologische Vitalität küstennahen Lebensraum bedrohen.

5 Fazit

Die Politische Ökologie entwickelte sich aus der Kritik einer unpolitischen ökologischen Wissenschaft. Anstatt autonomes Handeln, homogene soziale Einheiten anzunehmen, konzentriert sich der multi- und transdisziplinär gefasste Ansatz bei der Analyse sozialökologischer Beziehungen auf politische Interessen, Macht-Strukturen, soziale Spannungen und Ungleichheiten. Heute ist die Politische Ökologie ein höchst dynamisches Forschungsfeld der geographischen Entwicklungsforschung.

Im Kontext von Umweltproblemen und -konflikten, welche im Zentrum der politisch-ökonomischen Debatte stehen, kommt der Macht zur Durchsetzung spezifischer Diskurse große Bedeutung zu. Die von einflussreichen Akteuren auf nationaler bzw. internationaler Ebene gestützten Diskurse zeigen, in Bezug auf die jeweilige Nutzung der Natur, einschlägige Konsequenzen auf lokaler und regionaler Ebene. Entsprechend werden ökonomische Entwicklungsmodelle und gesellschaftliche Leitbilder übertragen und legitimiert. Des Weiteren bildet das Naturverständnis und damit einhergehende Wertvorstellungen, Identitäten und Normierungen eine spezielle Art und Weise der Naturaneignung, welche sowohl den Zugang zur Natur als auch deren Nutzung beeinflusst (AMMERING 2008: 96).

E. YOUNGS Studie hat gezeigt, dass Ökotourismus zwar eine neue bedeutende Einnahmequelle durch umweltfreundliche, nicht-konsumptive Ressourcennutzung bedeutet, allerdings diese Form des Tourismus nicht ausreicht, die lokale Bevölkerung von der zerstörerischen, konsumtiven Nutzung von Ressourcen abzuhalten. Der naturnahe Wal-Tourismus, welcher zunehmend der Kommerzialisierung unterlag, zeigt nachteilige Auswirkungen auf die Tierwelt und auf die empfindlichen Ökosysteme. Ferner resultiert ein Zusammenbruch der lokalen kulturellen Traditionen. Wirtschaftliche Vorteile ergeben sich nur für einen Teil der örtlichen Bevölkerung, der andere Teil wird marginalisiert. Durch das Untergraben gemeinschaftlicher Zugriffsrechte und durch das Übertragen von Macht wurden die Konflikte um den Zugang zur Ressource Wal verschärft.

Macht, Verfügungsrechte und der Kampf um Einfluss führen zu einer Umwelt als „Schlachtfeld unterschiedlicher Interessen" (KRINGS 1999: 130).

6 Literaturverzeichnis

AMMERING, U.; NEUBURGER, M.; SCHMITT, T. (2008): Umwelt zwischen Wachstum und Entwicklung: Politische Ökologie von Umweltkonflikten in den Ländern des Südens. In: Journal für Entwicklungspolitik 2008 (XXIV), S.94-114.

BLAIKIE, P (1985): The political Economy of soil erosion in developing countries. London.

BLAIKIE, P; BROOKFIELD, H. (1987): Land degradation and Society. London.

BLAIKIE, P (1999): A review of political ecology. Issues, epistemology and analytical narratives. In: Zeitschrift für Wirtschaftsgeographie Jg. 43, (3-4), S.131-147.

BRYANT, R.; BAILEY, S. (1997): Third World Political ecology. New York

KRINGS, T. (1999): Ziele und Forschungsfragen der Politischen Ökologie. In: Zeitschrift für Wirtschaftsgeographie Jg. 43, (3-4), S. 129-130.

ROBBINS, P. (2007): Political ecology. A critical introduction. Oxford.

WATTS, M. (2000): Political Ecology. In: Sheppard, E.; Barnes T.: A Companion to Economic Geography. Oxford, S. 257-289.

Universität Freiburg (2011): Politische Ökologie http://www.geografie.uni-freiburg.de/ikg/forsch/poloeko, eingesehen am 28.01.2011

YOUNG, E. H. (1999): Balancing conservation with development in marine-dependent communities. Is ecotourism an empty promise? In: ZIMMERER, K. S.; BASSETT T. J. (Hrsg.): Political Ecology. An integrative approach to geography and environment-development studies. New York, S. 29-49.

ZIMMERER, K. S.; BASSET, T. J. (2003): Approaching Political Ecology. Society, Nature, and Scale in Human-Environment Studies. In: ZIMMERER, K. S.; BASSETT, T. J. (Hrsg.): Political Ecology. An integrative approach to geography and environment-development studies. New York, S. 29-49.